KB266805

10분 만에 완성하는
시크릿 메이크업

10분 만에 완성하는
시크릿 메이크업

나만의 이미지를 찾아라

초 판 1쇄 2026년 04월 16일

지은이 이진희
펴낸이 류종렬

펴낸곳 미다스북스
본부장 임종익
홍보국 김가영
편집장 김은진, 이예나, 안채원
디자인 윤가희, 임인영, 윤영빈
책임진행 국소리, 송가희

등록 2001년 3월 21일 제2001-000040호
주소 서울시 마포구 양화로 133 서교타워 711호, 808호
전화 02) 322-7802~3
팩스 02) 6007-1845
블로그 http://blog.naver.com/midasbooks
전자주소 midasbooks@hanmail.net
페이스북 https://www.facebook.com/midasbooks425
인스타그램 https://www.instagram.com/midasbooks

© 이진희, 미다스북스 2026, *Printed in Korea*.

ISBN 979-11-7355-872-6 13590

값 18,000원

미다스북스는 다음세대에게 필요한 지혜와 교양을 생각합니다.

10분 만에 완성하는
시크릿 메이크업

나만의 이미지를 찾아라

이진희

지음

미다스북스

Step 3 색조 메이크업의 비밀

Step 4 집에서 쉽게 하는 셀프 메이크업

"나도 화장 잘하고 싶어! 어떻게 하는 거야?"

화장 잘하는 비밀,

지금부터 하나씩 풀어드리겠습니다.

아침 7시, 출근 준비로 전쟁 같은 시간. 거울 앞에 선 당신의 한숨 소리가 여기까지 들리는 듯합니다.

오늘은 회사에서 아주 중요한 프레젠테이션이 있는 날입니다. 옷장에서 가장 아끼는 날렵한 검정 정장을 꺼내 입고, 빳빳하게 다림질한 하얀 블라우스에 검정 힐까지 신었습니다. 의상은 완벽합니다.

그런데, 거울 속 얼굴은 어딘가 모르게 자신이 없어 보입니다.

칙칙해진 피부 톤을 가려보려 파운데이션을 덧발랐더니 오히려 더 나이 들어 보이고, 마음이 급해질수록 눈썹은 자꾸만 짝짝이가 됩니다.

"아, 나도 화장 좀 잘하고 싶다. 딱 10분 만에 우아하고 똑똑해 보이는 이미지를 만들 순 없을까?"

45살, 직장인인 당신. 20대 때처럼 무조건 하얗게, 무조건 진하게 하는 화장은 이제 어울리지 않는다는 걸 누구보다 잘 알고 있습니다. 소개팅이나 모임 자리에서 '주책맞게 어려 보이려 애쓰는 얼굴'이 아니라, '고급스럽게 잘 늙은 얼굴', '귀티 나는 얼굴'로 보이고 싶지만, 도대체 어디서부터 손대야 할지 막막하기만 합니다. 뷰티 유튜브를 봐도 내 얼굴엔 둥둥 뜨는 남의 이야기 같고, 백화점에 가서 비싼 화장품을 사봐도 서랍 속에 처박히기 일쑤였으니까요.

저는 어린 시절 미술가를 꿈꿨지만, 도화지 대신 살아있는 사람의 얼굴에 그림을 그리는 매력에 빠져 뷰티 미용예술을 전공했습니다. 헤어를 부전공하고 메이크업을 깊이 파고들며, 지난 수십 년간 수많은 여성의 얼굴을 마주했습니다.

현장에서 제가 목격한 것은 단순한 '화장 기술'의 차이가 아니었습니다. 자신에게 어울리는 '이미지'를 찾은 사람은 표정부터 달라지고, 얼굴형마저 바뀌어 보인다는 놀라운 사실이었습니다. 메이크업을 받은 고객이 거울을 보고 활짝 웃으며 만족할 때, 저는 아티스트로서 최고의 희열을 느낍니다.

이 책은 뷰티 전문가를 위한 이론서가 아닙니다. 매일 아침 눈썹 그리기와 씨름하다 지친 당신, 화장 때문에 스트레스받는 당신을 위한 '실전 시크릿 노트'입니다.

10분 만에 완성하는
시크릿 메이크업

> ### ✻ 이 책이 전하는 전략 ✻
>
> - 바쁜 출근길, 10분 만에 완성하는 윤기 나는 베이스 비법
> - 40대의 품격을 높여주는 은은한 레드 립 선택법
> - 내 얼굴형을 보완하여 지적인 이미지를 만드는 눈썹 공식

이제 복잡한 고민은 제게 맡기세요. 당신은 그저 붓을 들고 거울 앞에 앉기만 하면 됩니다.

검정 정장이 잘 어울리는 당신의 프로페셔널한 모습에, 우아한 생기를 불어넣을 준비가 되셨나요? 화장 잘하는 비밀, 지금부터 하나씩 풀어드리겠습니다.

메이크업의 기초 이해

메이크업을
시작하게 된 이유

"메이크업 배우고 싶으신 분, 연락 주세요!"

솔직히 고백하자면, 저는 뷰티 전문가이기 이전에 그림 그리고 글 쓰는 것을 유난히 좋아하는 감성적인 아이였습니다. 붓을 들고 하얀 종이를 채워나갈 때 가장 행복했죠. 하지만 현실은 냉혹했습니다.

"그림 그려서 밥 못 먹고 산다."
아버지의 그 단호한 한마디가 저를 멈춰 세웠습니다. 예

013

술가의 꿈을 꾸기엔 90년대 초반의 현실은 녹록지 않았으니까요.

하지만 '그리는 것'에 대한 갈증은 쉽게 사라지지 않았습니다. 당시 메이크업 학원은 서울에 딱 두 군데밖에 없을 정도로 귀했고, 수강료와 재료비는 상상을 초월할 정도로 비쌌습니다. 차선책으로 제가 선택한 곳은 '초상화 학원'이었습니다. 비싼 학원비 대신, 얼굴을 그리는 기초부터 다지기로 한 것이죠.

지금 생각해보면 그것이 제 인생의 '신의 한 수'였습니다.

매일 종이 위에서 사람의 눈, 코, 입을 그렸습니다. 웃을 때 근육이 어떻게 움직이는지, 콧대의 그림자는 어디에 지는지…. 남들이 화장품 이름을 외울 때, 저는 사람의 골격과 표정, 그리고 빛과 그림자(음영)를 관찰하는 눈을 키웠으니까요.

그렇게 기본기를 다진 후, 메이크업을 배우기 시작했을 때의 짜릿함은 말로 다 할 수 없었습니다. 너무 재미있고 신이 나서 가만히 있을 수가 없었죠. 저는 그길로 직접 '문어

014

발 전단지'를 만들었습니다. 종이 아래쪽을 가위로 잘라 연락처를 뜯어갈 수 있게 만든 투박한 전단지를 들고, 전봇대며 대학교 게시판을 누비고 다녔습니다.

"메이크업 배우고 싶으신 분, 연락 주세요!"

첫 연락을 준 건 풋풋한 대학생이었습니다. 난생처음 제 기술로 돈을 받고 누군가를 가르치던 날, 저는 돈보다 더 값진 것을 발견했습니다. 서툴렀던 그녀의 얼굴이 제 손길과 조언을 통해 점점 예뻐지고, 거울을 보는 그녀의 표정이 환하게 밝아지는 것을 보았을 때 느꼈던 그 벅찬 행복감.

그 순간 머릿속에 번개 같은 확신이 스쳤습니다.

"이거다. 사람을 이렇게 행복하게 만들어주는 기술이라면, 평생 해도 되겠다."

그 확신은 저를 더 큰 무대인 '웨딩 메이크업'으로 이끌었습니다. 대학생 한 명을 변화시키는 것도 이렇게 벅찬데, 인생에서 가장 중요한 날, 가장 아름다워야 할 신부를 꾸며주는 일은 얼마나 가치 있을까? 게다가 결혼식은 인류가 존재하는 한 계속될 테니, 아버지가 걱정하시던 '밥 굶을 일'도

메이크업의 기초 이해

없는 가장 안전하고 확실한 길이었습니다.

그렇게 저는 웨딩 현장으로 뛰어들었습니다. 수많은 신부의 얼굴을 만지며 깨달았습니다. 미술을 전공하고 싶었던 꿈은 사라진 게 아니었습니다. 종이라는 도화지를, 살아있는 사람의 얼굴이라는 더 귀하고 아름다운 도화지로 바꾸었을 뿐입니다.

이제 저는 30년 전 그 대학생을, 그리고 수많은 신부를 빛나게 했던 그 노하우로 오늘 당신의 얼굴을 마주하려 합니다.

초보도 실패하지 않는 메이크업 도구 3가지

"초보도 실패하지 않는 '장비빨'의 비밀"

요리는 칼맛이고, 그림은 붓맛이라는 말이 있죠? 메이크 업도 똑같습니다. 아침마다 화장이 들뜨거나 촌스러워 보인 다면, 그건 당신의 손이 '똥손'이라서가 아니라, 엉뚱한 도구 를 쓰고 있기 때문일 확률이 99%입니다.

많은 분이 화장품 살 때는 성분까지 꼼꼼히 따지면서, 정 작 도구는 화장품 살 때 끼워주는 조그마한 내장 브러시나

메이크업의 기초 이해

낡은 퍼프를 그대로 씁니다. 하지만 명심하세요. 전문가의 손길을 흉내 내는 가장 쉬운 방법은 '제대로 된 도구'를 쓰는 것입니다.

비싼 풀세트를 살 필요는 없습니다. 30년 경력의 제가 장담컨대, 딱 3가지. 브러시, 스펀지, 퍼프만 제대로 갖춰도 당신의 화장은 180도 달라집니다.

019

1. 브러시

수채화 같은 발색의 마법

Step 1

초보자들이 가장 두려워하는 것이 브러시입니다. "자국이 남지 않을까?", "너무 어렵지 않을까?"

하지만 40대 메이크업의 핵심인 '우아하고 은은한 생기'를 표현하는 데 브러시만 한 게 없습니다.

한 번에 성공하는 사용법

- **힘 빼기**: 브러시를 연필 쥐듯 너무 앞쪽으로 잡으면 힘이 들어가 화장이 뭉칩니다. 자루의 끝부분을 가볍게 쥐고 아기 피부를 스치듯 살살 터치하세요.
- **털어내기**: 섀도우나 블러셔를 묻힌 후, 반드시 손등이나 휴지에 한 번 '탁!' 털어내세요. 이 과정 없이 얼굴에 가져가면 '불타는 고구마'가 됩니다.
- **필수템**: 다 필요 없고 '아이브로우 브러시(사선형)'와 '블러셔 브러시(부드럽고 둥근 것)', 이 두 개는 꼭 따로 장만하세요. 눈썹의 결을 살리고 볼에 생기를 넣는 건 내장된 미니 브러시로는 절대 불가능합니다.

021

2. 스펀지(뽕퍼프)
10분 컷 베이스의 일등 공신

파운데이션 브러시는 초보자가 쓰기에 결 자국이 많이 남고 시간이 오래 걸립니다. 바쁜 아침, 45세의 건조한 피부를 구원할 최고의 도구는 바로 '물 먹인 스펀지'입니다.

한 번에 성공하는 사용법

- **물 먹이기:** 스펀지를 물에 충분히 적신 뒤 물기가 흐르지 않을 정도로 꽉 짜세요. 이렇게 하면 스펀지가 파운데이션을 덜 먹고, 피부에 수분을 함께 내뱉어 '고급스러운 윤광 피부'가 완성됩니다.
- **두드리기:** 문지르지 말고 '팡팡' 두드리세요. 많이 두드릴수록 밀착력이 높아지고 지속력이 좋아집니다. 점심시간까지 무너지지 않는 화장의 비밀은 '두드림'의 횟수에 있습니다.

3. 퍼프
수정 화장의 구원투수

쿠션 팩트에 들어있는 루비셀 퍼프, 우리는 이걸 너무 막 씁니다. 퍼프만 잘 써도 오후 3시의 칙칙한 얼굴을 방금 화장한 얼굴처럼 되돌릴 수 있습니다.

한 번에 성공하는 사용법

- **끼임 방지:** 콧방울 옆이나 눈가처럼 끼임이 심한 곳은 퍼프를 반으로 접어 꾹꾹 눌러주세요. 섬세한 터치가 가능해집니다.
- **양 조절:** 퍼프에 내용물을 찍은 뒤, 반드시 뚜껑 안쪽에 덜어내 양을 조절하세요. 한 번에 많이 바르면 주름 사이에 파운데이션이 껴서 10년은 더 늙어 보입니다.
- **교체 주기:** 퍼프는 소모품입니다. 빨아 쓰기 귀찮다면 1~2주에 한 번은 과감히 버리고 새것으로 교체하세요.

세균 득실한 퍼프는 트러블의 주범입니다.

"도구 탓을 하라!"

화장이 안 먹는 날, 내 피부를 탓하며 스트레스 받지 마세요. 브러시가 너무 거칠지 않은지, 스펀지가 너무 오래되지 않았는지 확인해 보세요. 좋은 도구는 곰손도 금손으로 만들어주는 최고의 파트너입니다. 이제 문방구 가위 대신 재단 가위를 드세요. 당신의 얼굴은 명품이니까요.

상황별 실전 메이크업
(데일리 vs 촬영 vs 면접)

메이크업의 기초 이해

1. 데일리 메이크업
자연스럽고 생기 있게

첫 번째, 데일리 메이크업.
'가장 자연스러운 것'이 가장 공들인 것.

우리가 매일 밥을 먹듯, 매일 하는 화장입니다. 특히 직장을 다니는 우리에게 데일리 메이크업은 '나의 성실함과 전문성을 보여주는 첫 번째 명함'과도 같습니다.

많은 분이 '데일리(Daily)'라고 하면 '대충 하는 화장' 혹은 '거의 안 한 듯한 화장'이라고 오해합니다. 하지만 30년 경력의 아티스트로서 단호하게 말씀드립니다. 가장 자연스러운 화장이 가장 공들인 화장입니다.

45살의 데일리 메이크업은 20대와는 목적이 다릅니다. 잡티 하나 없는 도자기 피부를 만드는 게 목표가 아닙니다.

"어? 오늘 김 과장님 얼굴 좋아 보이네? 무슨 좋은 일 있어요?"

동료에게 이 말을 듣는 것이 우리의 목표입니다.

덜어내는 것이 기술이다

아침마다 거울을 보면 가리고 싶은 게 많죠. 기미도 보이고, 다크서클도 내려와 있고. 그래서 파운데이션을 덧바르고 또 덧바릅니다. 하지만 두꺼운 피부 표현은 사무실 형광등 아래서 당신을 더 나이 들어 보이게 할 뿐입니다.

데일리 메이크업의 핵심은 '피부 결'입니다. 잡티가 살짝 비치더라도 얇고 촉촉하게 표현된 피부가 훨씬 고급스럽고 젊어 보입니다.

생기의 스위치, 눈썹과 입술

바쁜 아침, 섀도우 그라데이션 할 시간은 없어도 눈썹과 립(Lip)은 포기하면 안 됩니다.

• **눈썹**: 흐릿한 눈썹은 인상을 게으르게 만듭니다. 빈 곳만

메이크업의 기초 이해

채운다는 느낌으로 결을 살려주세요. 이것만으로도 '관리
하는 여자'의 이미지가 생깁니다.

• **입술**: 나이 들수록 입술 색이 빠집니다. 아무리 피부가 좋
아도 입술이 창백하면 아파 보이죠. 쥐 잡아먹은 듯한 빨
강 말고, 원래 내 입술 색인 듯 자연스러운 '말린 장밋빛
(MLBB*)'이나 '은은한 코랄 레드'를 발라보세요. 얼굴에
탁! 하고 형광등이 켜질 거예요.

* 'My Lips But Better'의 약자로, '내 입술색에 가깝지만 더 나은 혈색
으로 보이게 하는' 색조 톤을 말합니다.

10분의 마법

데일리 메이크업은 10분을 넘기면 안 됩니다. 시간이 길
어지면 욕심이 생기고, 욕심이 생기면 화장은 진해집니다.

딱 10분. 내 본연의 장점은 살리고 피곤한 기색만 지우는
시간.

오늘 아침 당신의 메이크업은 '변장'이었나요, 아니면 '단

장'이었나요?

내일 아침에는 누군가에게 보여주기 위함이 아니라, 거울 속 나에게 "오늘도 안녕?" 하고 기분 좋게 인사할 수 있는 산뜻한 얼굴을 만들어 보세요. 그것이 성공적인 데일리 메이크업의 시작입니다.

2. 촬영 메이크업
카메라에 잘 받는 피부 표현법

두 번째, 촬영 메이크업.
"카메라가 사랑하는 얼굴은 따로 있다."

"작가님, 저 오늘 프로필 사진 찍는데 그냥 데일리 메이크업처럼 자연스럽게 해주세요."

스튜디오에 오시는 고객님들이 가장 많이 하시는 실수입니다. 거울 속에서 '자연스러운' 얼굴은 카메라 렌즈 속에서 '아픈' 얼굴이 되기 십상입니다. 촬영 메이크업의 핵심은 '평소보다 1.5배의 과감함'입니다. 조명이라는 강력한 빛이 화장의 절반을 '잡아먹기' 때문이죠.

10년 뒤에 꺼내 봐도 촌스럽지 않은, '화면발' 잘 받는 3가지 포인트를 기억하세요.

피부 표현: 광(光)을 죽여야 내가 산다

데일리 메이크업에서는 '물광', '윤광'이 피부를 좋아 보이게 하지만, 촬영장에서는 절대 금물입니다. 강한 조명이 번들거리는 피부에 닿으면, 사진 속에서는 고급스러운 윤기가 아니라 '개기름'처럼 보이기 때문입니다.

- **세미 매트(Semi-Matte):** 파운데이션은 평소보다 커버력 있고 보송한 제형을 선택하세요.
- **파우더 처리는 필수:** 눈가, 코 옆, 이마(T존)는 파우더로 유분기를 확실하게 잡아줘야 합니다. 그래야 조명을 받았을 때 피부가 도자기처럼 매끈하고 깨끗하게 표현됩니다. 잡티는 평소보다 더 꼼꼼하게 컨실러로 가려주세요. 카메라는 우리 눈보다 훨씬 더 적나라하니까요.

메이크업의 기초 이해

색조 포인트: 거울 속 내 모습에 속지 마라

"어머, 너무 진한 거 아니에요?"

거울을 본 고객님이 깜짝 놀라시지만, 막상 셔터를 누르고 모니터를 보면 고개를 끄덕이십니다.

"아, 이 정도는 해야 사진에 나오는구나!"

- **아이라인 & 속눈썹**: 눈매는 평소보다 또렷해야 합니다. 점막을 꼼꼼히 채우고, 속눈썹은 바짝 올려주세요. 눈이 흐리멍덩하면 사진 전체의 힘이 빠집니다.
- **립 & 치크**: 조명은 붉은 기를 가장 먼저 날려버립니다. 립스틱은 평소 바르던 것보다 한 톤 더 채도가 높고 진한 컬러를 선택하세요. 블러셔 역시 "조금 과한가?" 싶을 정도로 발라야 사진에서는 은은한 생기로 살아납니다.

음영(쉐이딩) : 깎고 또 깎아라(가장 중요!)

사진은 3차원인 우리 얼굴을 2차원 평면으로 눌러놓은 것입니다. 그래서 사진만 찍으면 얼굴이 넙데데하고 커 보이는 것이죠. 이때 필요한 것이 바로 제 전공인 '미술적 음영'입니다. 얼굴에 인위적으로 그림자를 만들어 입체감을 되살려야 합니다.

- **윤곽 쉐이딩**: 턱선과 헤어라인을 과감하게 쓸어주세요. "내 얼굴 크기를 물리적으로 줄인다"는 생각으로 어두운 새도우를 사용해 얼굴 외곽을 깎아내야 합니다.
- **노즈 쉐이딩**: 콧대 옆에 그림자를 넣어주면, 밋밋했던 이목구비가 사진 속에서 오똑하게 살아납니다. 중앙이 솟아 보여야 얼굴이 작고 입체적으로 보입니다.

메이크업의 기초 이해

촬영 메이크업은 '멀리서 보는 화장'입니다. 코앞에 있는 거울만 보지 말고, 1~2미터 뒤로 물러나서 거울을 보세요. 멀리서 봤을 때 이목구비가 또렷하게 자기주장을 하고 있어야, 카메라 속에서도 주인공이 될 수 있습니다.

034

3. 면접 메이크업

하루 종일 무너지지 않는 완벽 피부

세 번째, 면접 메이크업.

합격을 부르는 '신뢰의 얼굴'

면접장 문을 열고 들어가는 순간, 승부는 3초 안에 결정됩니다. 화려한 스펙을 읊기도 전에 면접관은 당신의 얼굴에서 '성실함', '건강함', '함께 일하고 싶은 호감'을 읽어내니까요.

면접 메이크업의 핵심은 '예뻐 보이는 것'이 아닙니다. '준비된 사람'이라는 인상을 심어주는 것입니다. 긴장감에 식은땀이 흘러도, 대기 시간이 길어져도 절대 무너지지 않는 완벽한 피부와 자신감 있는 눈빛. 이것이 바로 합격을 부르는 전략입니다.

메이크업의 기초 이해

피부 표현:
오후 3시까지 끄떡없는 '시멘트 베이스'

면접 대기실의 히터 바람, 긴장해서 흐르는 땀…. 최악의 조건에서도 베이스는 살아남아야 합니다. 화장이 녹아내리거나 들뜨면, 면접관의 눈에는 당신의 답변보다 번진 화장이 먼저 들어옵니다.

- **얇게, 더 얇게**: 잡티를 가리려고 두껍게 바르면 긴장했을 때 표정 주름에 파운데이션이 쩍쩍 갈라집니다. 커버력 좋은 파운데이션을 얇게, 여러 번 두드려 밀착시키세요. '바른다'는 느낌이 아니라 스펀지로 '피부 속에 집어 넣는다'는 느낌으로 100번 이상 두드리세요.
- **세미 매트(Semi-Matte) 마무리**: 물광은 금물입니다. 자칫하면 '땀 흘린 사람'처럼 보일 수 있어요. 보송하게 마무리하되, 은은한 속광만 남겨두세요. 그래야 차분하고 지적인 이미지를 줍니다.
- **픽서(Fixer) 고정**: 메이크업 전후로 픽서를 뿌려 베이스를

피부에 딱풀처럼 고정하세요.

아이 메이크업: 또렷하지만 사납지 않게

메이크업의 기초 이해

면접관과 눈을 맞추는 시간, 당신의 눈에는 '총기(총명한 기운)'가 있어야 합니다.

- **눈썹의 신뢰감**: 눈썹 산을 너무 높게 그리면 공격적으로 보이고, 처지게 그리면 우울해 보입니다. 자신의 눈썹 뼈를 따라 부드러운 아치형이나 일자형으로 단정하게 그려주세요. 눈썹의 결을 살려주면 훨씬 세련되어 보입니다.
- **반짝이(글리터) 금지**: 눈 밑 애교살에 반짝이를 바르는 건 아이돌 무대에서나 예쁩니다. 면접장 조명 아래서는 눈꼽처럼 보이거나 산만해 보일 수 있습니다. 무펄의 브라운 계열 섀도우로 그윽한 음영만 주세요.
- **아이라인**: 검정색 리퀴드로 꼬리를 길게 빼면 인상이 사나워 보입니다. 다크 브라운 펜슬로 점막만 채우고, 꼬리는 눈매를 따라 살짝만 내려주세요. 선한 인상과 또렷함을 동시에 잡을 수 있습니다.

038

립 & 치크: 건강한 에너지를 보여주세요

너무 창백하면 체력이 약해 보이고, 너무 진하면 부담스
럽습니다. '건강한 혈색'이 포인트입니다.

- **립(Lip)**: 튀김 먹은 듯 번들거리는 립글로스는 피하세요.
  입술에 착 달라붙는 매트하거나 벨벳 제형의 립스틱을 추
  천합니다. 색상은 차분한 코랄이나 말린 장미(MLBB) 컬
  러가 가장 무난하고 고급스럽습니다.
- **블러셔**: 안 한 듯한 느낌으로 아주 살짝만 터치하세요. 광
  대뼈를 감싸듯 쓸어주면 긴장해서 창백해진 얼굴에 생기
  가 돌고, 웃을 때 훨씬 호감형으로 보입니다.

메이크업의 기초 이해

면접 당일, 수정 화장을 할 시간은 생각보다 없습니다. 아침에 베이스를 공들여 '다져놓는' 10분이 당신의 하루를 지켜줍니다.

거울 속 당신이 당당해야, 면접관 앞에서도 당당할 수 있습니다. 당신의 얼굴이 곧 최고의 이력서입니다.

얼굴형과 퍼스널 컬러

나만의 이미지를 완성하는
3가지 열쇠

서점에서 베스트셀러라고 해서 샀는데 나에겐 지루했던 책, 남들이 맛있다는 맛집인데 내 입엔 안 맞았던 음식. 살면서 한 번쯤 경험해 보셨을 겁니다.

메이크업도 마찬가지입니다. 유행하는 일자 눈썹, 연예인이 발라서 품절된 립스틱…. 다 사서 해봤는데 왜 내 얼굴에만 올리면 어색하고 촌스러울까요? 그건 제품의 문제가 아니라, '나'를 제대로 파악하지 못했기 때문입니다.

메이크업은 내 얼굴 위에 짓는 집과 같습니다. 땅의 모양

(얼굴형)이 어떤지, 흙의 상태(얼굴색)는 어떤지, 어떤 자재(컬러)가 어울리는지 모른 채 무작정 기둥부터 세우면 그 집은 위태로울 수밖에 없죠.

45살의 메이크업은 '예쁨'을 쫓는 게 아니라 '나만의 분위기(Image)'를 구축하는 것입니다. 그리고 그 분위기는 '얼굴형', '얼굴색', '퍼스널 컬러'라는 세 가지 요소를 정확히 알 때 비로소 완성됩니다.

1. 얼굴형

내 얼굴의 밑그림(Structure)

미술 시간에 그림을 그릴 때 가장 먼저 하는 것이 스케치입니다. 둥근 사과를 그릴지, 각진 상자를 그릴지 형태를 잡아야 명암을 넣을 수 있죠.

- **둥근 얼굴**: 귀여워 보이지만 자칫하면 흐릿해 보일 수 있습니다.
- **긴 얼굴**: 세련돼 보이지만 나이 들어 보일 위험이 있죠.
- **각진 얼굴**: 고급스럽지만 인상이 세 보일 수 있습니다.

내 얼굴형의 특징을 알아야 어디를 깎아내고(쉐이딩), 어디를 밝혀야(하이라이트) 할지 알 수 있습니다. 특히 나이 들며 처지는 턱선과 꺼지는 볼살, 우리는 수술이 아닌 '빛과 그림자'로 다시 탄탄하게 디자인할 것입니다.

2. 얼굴색

나만의 고유한 바탕색(Base Tone)

어떤 종이에 그림을 그리느냐에 따라 느낌이 달라집니다. 하얀 켄트지인지, 누런 크라프트지인지, 아니면 붉은 색지인지에 따라 써야 할 물감이 달라지죠. 우리 피부도 마찬가지입니다.

특히 40대 이후에는 피부 톤이 급격히 변합니다.

- **노란기**: 피곤해 보이고 안색이 칙칙해 보입니다.
- **붉은기(홍조)**: 갱년기나 예민함으로 인해 화장이 얼룩덜룩해 보이기 쉽습니다.
- **검푸른기**: 다크서클이나 착색으로 인해 그늘져 보입니다.

단순히 "하얗게 바르는 것"이 능사가 아닙니다. 내 얼굴색이 붉다면 그린 베이스로, 노랗다면 보라 베이스로 보정하여 '가장 깨끗한 도화지' 상태를 만드는 것이 먼저입니다.

바탕이 맑아야 그 위에 올리는 색조가 빛을 발하니까요.

3. 퍼스널 컬러

나를 빛내는 조명(Palette)

"오늘 안색이 왜 이렇게 좋아? 푹 잤어?"

이런 말을 들은 날, 입고 있던 옷 색깔을 기억하시나요? 그게 바로 당신의 퍼스널 컬러입니다.

퍼스널 컬러는 단순히 웜톤/쿨톤을 나누는 놀이가 아닙니다. 내 얼굴 밑에 '반사판'을 대는 원리입니다. 나에게 맞는 색을 얼굴에 올리면, 주름과 잡티는 흐려지고 피부에 윤기가 돕니다. 반면 맞지 않는 색을 쓰면, 팔자주름이 깊어 보이고 얼굴이 흙빛이 되죠.

피부 노화가 시작되는 45세에게 퍼스널 컬러는 그 어떤 비싼 영양크림보다 즉각적인 '동안 효과'를 줍니다.

050

4. 이미지(Image)
나라는 브랜드

결국 구조(얼굴형)를 파악하고, 바탕(얼굴색)을 정돈하여, 조화로운 색(퍼스널 컬러)을 입히면 당신만의 '이미지'가 만들어집니다.

- 직선형 얼굴 + 깨끗한 베이스 + 쿨톤

  = 도시적이고 시크한 이미지
- 곡선형 얼굴 + 윤기 베이스 + 웜톤

  = 우아하고 부드러운 이미지

당신은 어떤 이미지를 갖고 싶나요?

이제 거울을 가까이 당겨보세요. 당신의 얼굴형, 얼굴색, 그리고 숨겨진 컬러를 찾아드릴게요.

얼굴형별 메이크업 전략
(깎고 채우기)

"깎고 채우는 빛과 그림자의 마술"

내 얼굴은 동그라미일까요, 네모일까요, 아니면 긴 타원 형일까요?

거울 앞에 머리띠를 하고 정직하게 서보세요. 내 얼굴의 외곽선을 있는 그대로 마주하는 것이 예뻐지는 첫걸음입니다.

우리의 목표는 하나입니다. '균형(Balance)'을 맞추는 것. 모자란 곳은 빛(하이라이트)으로 채우고, 넘치는 곳은 그

림자(쉐이딩)로 깎아내면 누구나 부드러운 인상을 가질 수
있습니다.

∗ ∗ ∗

내 얼굴형은 어떤 타입일까?

둥근 얼굴 vs 긴 얼굴 vs 각진 얼굴

얼굴형과 퍼스널 컬러

1. 둥근 얼굴(Round Type)

동안의 상징이지만, 자칫하면 살이 쪄 보이거나 이목구비가 흐릿해 보일 수 있습니다. 40대가 되면 볼살이 처지면서 얼굴이 더 퍼져 보일 수 있죠. 우리의 목표는 '세로 길이'를 늘려 시크함을 더하는 것입니다.

- **쉐이딩(깎기)**: 귀 옆에서 턱선까지 과감하게 사선으로 쓸어 내리세요. 양옆의 여백을 지워 얼굴 폭을 좁혀야 합니다.
- **하이라이트(채우기)**: 이마 중앙, 콧대, 앞턱 끝에 세로로 길게 빛을 주세요. 시선이 중앙으로 모여 얼굴이 갸름해 보입니다.
- **눈썹**: 둥근 얼굴에 둥근 눈썹은 금물! 약간 각이 진 '아치형 눈썹'을 그려주세요. 눈썹 산을 살짝 살려주면 둥근 선이 중화되어 얼굴이 또렷해 보입니다.

054

- **블러셔:** 광대뼈에서 입꼬리 쪽으로 '사선'으로 날렵하게 넣어주세요.

2. 긴 얼굴(Long Type)

성숙하고 지적인 이미지를 주지만, 자칫하면 실제 나이보다 들어 보이거나 날카로워 보일 수 있습니다. 특히 중년이 되면 얼굴 살이 빠지면서 더 길어 보일 수 있죠. 우리의 목표는 '가로 폭'을 넓혀 볼륨감을 주는 것입니다.

- **쉐이딩(깎기):** 가장 중요한 곳은 '헤어라인(이마 끝)'과 '턱 끝'입니다. 위아래를 어두운색으로 막아주면 시각적으로 얼굴 길이가 확 줄어듭니다.(옆선은 깎지 마세요! 얼굴이 더 길어 보입니다.)

- **하이라이트(채우기):** 이마나 콧대보다는 '양 볼(애플존)'과 '관자놀이'를 밝혀주세요. 얼굴 중앙이 차오르면 어려 보입니다.

- **눈썹:** 길이를 끊어주는 '도톰한 일자 눈썹'이 베스트입니

다. 눈썹이 가로로 길게 뻗어 있으면 시선이 분산되어 긴
얼굴이 짧아 보입니다.

- **블러셔:** 광대뼈를 감싸듯 '가로'로 넓게 발라주세요. 얼굴
의 빈 곳을 색으로 채워주는 효과가 있습니다.

3. 각진 얼굴(Square Type)

귀족적인 턱선이 매력적이지만, 인상이 강해 보이고 남성적으로 느껴질 수 있습니다. 우리의 목표는 '모서리를 둥글려 온화한 인상을 만드는 것'입니다.

- **쉐이딩(깎기)**: 사각 턱의 튀어나온 모서리 부분과 양쪽 이마 끝(M자 이마)을 부드럽게 감싸듯 둥글려서 쉐이딩해 주세요.
- **하이라이트(채우기)**: 눈 밑, 이마 중앙 등 '얼굴 안쪽'에만 집중적으로 하이라이트를 주세요. 시선을 바깥쪽 턱선이 아닌 얼굴 중심으로 끌어당겨야 합니다.
- **눈썹**: 각진 얼굴에 각진 눈썹은 '싸우자'는 인상이 됩니다. 턱선의 각을 상쇄할 수 있도록 '부드러운 둥근 아치형'으로 그려주세요.

• **블러셔**: 광대뼈 주위를 '둥글게' 굴리듯 발라주세요. 직선
적인 얼굴에 곡선을 더해 한결 여성스러워 보입니다.

"내 얼굴형이 뭔지 헷갈린다면?"

딱 한 가지만 기억하세요. '계란형'을 머릿속에 그리는 겁니
다. 거울 속 내 얼굴 위에 가상의 계란을 올려보세요. 그 계란
밖으로 튀어나온 부분(턱이나 광대)은 쉐이딩으로 깎고, 계
란 안쪽인데 푹 꺼진 부분(관자놀이나 볼)은 하이라이트로
채우면 됩니다. 아주 간단하죠?

퍼스널 컬러 진단하기
(웜 vs 쿨)

"내 피부 밑에 숨겨진 형광등 스위치를 켜라."

"립스틱 예뻐서 샀는데, 바르니까 촌스러워 보여요."

"남들은 핑크색 입으면 화사하다는데, 저는 왜 얼굴이 흙 빛이 될까요?"

여러분이 못나서가 아닙니다. '톤(Tone)'이 맞지 않아서입니다.

퍼스널 컬러는 단순히 색깔 놀이가 아닙니다. 내 피부가 가진 고유의 색과 조화를 이루는 색을 찾아, 얼굴의 잡티는

060

밀어내고 생기는 채워주는 '과학'입니다.

특히 피부 탄력이 떨어지고 안색이 칙칙해지는 40대에게, 퍼스널 컬러는 그 어떤 시술보다 즉각적인 '안색 정화 효과'를 줍니다. 자, 지금 바로 자연광 아래서 거울을 보세요.

얼굴형과 퍼스널 컬러

1. 초간단 3초 자가 진단법(Self-Test)

전문가의 드레이프 천이 없어도 됩니다. 다음 질문에 대한 답변 중 'A'가 많으면 웜톤, 'B'가 많으면 쿨톤일 확률이 높습니다.

1. 손목의 핏줄 색은?

(A) 초록색 빛이 돈다.

(B) 파란색이나 보라색 빛이 돈다.

2. 더 잘 어울리는 액세서리는?

(A) 골드(금)

(B) 실버(은)

3. 햇볕에 장시간 노출되면?

(A) 까맣게 잘 탄다.

(B) 빨갛게 익는다.

4. 즐겨 입는 셔츠 색은?

(A) 아이보리나 베이지색(크림색)

(B) 새하얀 흰색(형광등색)

5. 어울리는 립스틱 색은?

(A) 오렌지, 코랄, 벽돌색

(B) 핑크, 마젠타, 와인색

2. 웜톤(Warm Tone)
따뜻하고 건강한 이미지

"당신은 햇살을 머금은 사람입니다."

피부에 노란기가 돌며, 따뜻한 색감을 올렸을 때 얼굴이 생기 있어 보입니다.

- 키워드: 건강함, 친근함, 우아함, 부드러움
- Best Color(형광등 컬러)

립 & 치크: 피치(복숭아), 코랄, 오렌지 레드, 브릭(벽돌색), 브라운.

아이섀도우: 골드 펄, 브라운, 베이지, 카멜색.

- Worst Color(피해야 할 색)

차가운 핫핑크, 푸른기 도는 보라색, 회색빛이 많이 도는 색.

(얼굴이 누렇게 뜨거나 촌스러워 보입니다.)

- **45세 웜톤 전략:** 나이 들수록 피부가 더 노랗게 변합니다. 너무 누런 파운데이션보다는 '상아색(아이보리)' 베이스를 써서 화사함을 더하고, 입술에 반드시 '코랄 레드'로 혈색을 주세요.

3. 쿨톤(Cool Tone)
깨끗하고 도시적인 이미지

"당신은 달빛을 머금은 사람입니다."

피부에 붉은기나 분홍빛이 돌며, 차가운 색감을 올렸을 때 얼굴이 하얗고 깨끗해 보입니다.

- **키워드**: 세련됨, 시크함, 청초함, 도시적
- Best Color(형광등 컬러)

  립 & 치크: 딸기 우유 핑크, 핫핑크, 체리 레드, 플럼(자두색), 와인색.

  아이섀도우: 실버 펄, 그레이 브라운, 모브(연보라), 로즈 핑크.
- Worst Color(피해야 할 색)

  오렌지, 귤색, 카키색, 황토색.(얼굴이 붉어 보이거나 더워 보입니다.)

- **45세 쿨톤 전략:** 쿨톤은 홍조가 있는 경우가 많습니다. '그린 메이크업 베이스'로 홍조기를 먼저 잡는 게 필수입니다. 섀도우는 최대한 깔끔하게 하고, '레드 핑크 립' 하나로 포인트를 주는 것이 가장 지적여 보입니다.

✳ 지니언니의 시크릿 팁! ✳

"톤에 갇히지 마세요!"

진단 결과가 웜톤이라고 해서 평생 주황색만 바르고 살 수는 없잖아요? 45세 메이크업의 묘미는 '보정'에 있습니다.

내가 쿨톤인데 웜톤의 우아한 분위기를 내고 싶다면?

바탕(파운데이션)을 웜톤 계열로 얇게 깔아주면 됩니다. 반대로 웜톤이지만 시크해 보이고 싶다면? 핑크빛 베이스를 섞어 쓰고 립 컬러를 조절하면 되죠.

퍼스널 컬러는 나를 가두는 감옥이 아니라, 나를 더 잘 쓰기 위한 도구일 뿐입니다.

067

베이스 파우데이션 고르는 법
(2가지 색의 마법)

Step 2

화장대 서랍을 열어보세요. 파운데이션이나 쿠션 팩트가 몇 개 있나요? 아마 대부분 한 종류일 겁니다. 그리고 아침마다 그 하나의 색을 이마, 볼, 턱까지 똑같은 두께로 펴 바르고 계시겠죠.

혹시 거울을 보며 이런 생각 해보신 적 없나요?

"왜 화장만 하면 얼굴이 더 커 보이지?"
"왜 내 얼굴은 달걀귀신처럼 둥둥 떠 다닐까?"

이유는 간단합니다. 입체적인 우리 얼굴을 평면적인 도화지처럼 취급했기 때문입니다.

얼굴은 평평한 A4 용지가 아니라 굴곡이 있는 '구(Sphere)' 형태입니다. 미술 시간에 공을 그릴 때를 생각해보세요. 빛을 받는 가운데는 밝고, 가장자리는 어둡게 칠해야 공이 튀어나올 듯 입체적으로 보입니다.

069

얼굴 전체를 똑같이 하얀색 21호로 덮어버리는 순간, 당신의 얼굴은 입체감을 잃고 넓디넓은 보름달이 되어버립니다. 10분 만에 얼굴이 작아지고 싶다면, 이제 쇼핑 리스트를 바꿔야 합니다.

✱ 지니언니의 시크릿 팁! ✱

"손등에 테스트하지 마세요!"
파운데이션 살 때 습관적으로 손등에 발라보시죠? 손등 색과 얼굴 색은 전혀 다릅니다.
가장 정확한 테스트 위치는 '턱선'입니다. 턱선에 발랐을 때 목 색깔과 자연스럽게 연결되는지 확인하세요. 얼굴만 하얗게 동동 뜨는 '가면 화장'을 피하는 유일한 방법입니다.

070

1. 파운데이션, 반드시 '두 가지'를 사세요

백화점 직원이 "고객님은 21호 쓰시면 돼요."라고 해도, 저는 당당하게 "21호 하나, 그리고 23호 하나 주세요." 합니다.

이것이 바로 '컨투어링(Contouring)의 마법'입니다. 굳이 어려운 쉐이딩 가루를 쓰지 않아도, 파운데이션 색상 차이만으로 자연스럽게 얼굴을 깎을 수 있습니다.

- 색상 A(밝은색): 내 피부 톤과 같거나 반 톤 밝은색(예: 21호).

  얼굴 중앙의 '다이아몬드 존'(이마 중앙, 앞 볼, 콧대, 턱끝)에 바릅니다.

  얼굴이 확 튀어나와 보이며 생기가 돕니다.

- 색상 B(어두운색): 내 피부보다 1~2톤 어두운색(예: 23호~25호).

  얼굴 외곽(헤어라인, 귀 옆, 턱선)에 바릅니다. 자연스러운 그림자가 생겨 얼굴이 갸름하게 축소됩니다.

2. 제형 선택
45세 피부를 위한 최적의 질감

커버할 게 많다고 두껍고 매트한 파운데이션을 쓰면 주름 사이에 끼어서 나이 들어 보입니다. 반대로 너무 묽은 물광은 지속력이 떨어지죠.

- **추천 제형:** '세미 글로우(Semi-Glow)' 리퀴드 파운데이션. 적당한 윤기가 흐르면서도 커버력이 있는 쫀쫀한 제형이 좋습니다. 쿠션 팩트를 쓴다면, 촉촉한 타입을 고르되 마무리는 파우더로 살짝 눌러주세요.
- **스틱 파운데이션:** 얼굴 외곽(어두운색)용으로 추천합니다. 슥 그어서 펴 바르기 편하고, 커버력이 좋아 잡티가 많은 가장자리를 정리하기 좋습니다.

3. 얼굴 비율을 바꾸는 음영의 기술

두 가지 파운데이션을 섞어 쓰는 것만으로도 성형 효과를 낼 수 있습니다.

- **광대가 고민이라면:** 어두운색 파운데이션으로 광대뼈 위를 덮어주세요. 튀어나온 뼈가 쏙 들어가 보입니다.
- **얼굴이 길다면:** 턱 끝과 이마 끝에 어두운색을 발라 길이를 짧게 하세요.
- **이마가 납작하다면:** 이마 중앙에 밝은색을 동그랗게 덧발라주세요.

필러를 맞은 듯 봉긋해 보입니다.

내 얼굴형에 맞는 눈썹 디자인
(1mm의 기적)

색조 메이크업의 비밀

"선생님, 저는 눈썹 그리는 게 제일 어려워요. 매일 짝짝이가 돼요."

수강생들에게 가장 많이 듣는 하소연입니다.

바쁜 출근길, 시간이 없다면 립스틱은 포기해도 눈썹은 포기하지 마세요. 입술을 안 바르면 그냥 '아픈 사람'이지만, 눈썹이 없으면 '정체성 없는 얼굴'이 됩니다. 눈썹은 얼굴의 지붕이자, 당신의 감정과 의사를 전달하는 가장 강력한 도구이기 때문입니다.

특히 45세가 넘어가면 눈썹 숱이 줄어들고 흐릿해집니다. 이때 20년 전 유행하던 '갈매기 눈썹'을 고수하거나, 문신 자국 위에 까맣게 선만 그으면 고집 세고 나이 들어 보이기 십상입니다.

이제 당신의 눈썹에도 리모델링이 필요합니다.

078

색조 메이크업의 비밀

1. 눈썹의 황금비율 공식
(미술학적 접근)

눈썹, 도대체 어디서 시작해서 어디서 끝내야 할까요? 거울을 보고 펜슬 하나를 들어보세요. 당신의 코를 기준으로 점 3개만 찍으면 게임 끝입니다.

- **시작점(A):** 콧방울 안쪽에서 수직으로 올라간 지점.
  이보다 안쪽으로 모이면 미간이 좁아 보여 답답하고 신경질적으로 보입니다.
- **눈썹 산(B, 가장 높은 곳):** 콧망울에서 검은 눈동자(동공) 바깥쪽을 지나는 사선 지점.
  여기가 너무 높으면 놀란 토끼 눈이 되고, 너무 낮으면 우울해 보입니다. 45세 메이크업에서는 산을 너무 강조하지 말고 부드럽게 굴려주세요.
- **눈썹꼬리(C):** 콧방울에서 눈꼬리를 지나는 사선 지점.

 눈썹꼬리는 절대 시작점(A)보다 아래로 내려가면 안 됩니다. 꼬리가 처지면 얼굴 전체 탄력이 처져 보이고 나이 들어 보입니다.

2. 내 얼굴형에 맞는 맞춤 디자인
(1mm의 기적)

2장에서 배운 얼굴형, 여기서 써먹어야 합니다. 눈썹 모양만으로 얼굴의 단점을 완벽하게 보완할 수 있습니다.

- **둥근 얼굴 → 각진 아치형:** 둥근 얼굴에 일자 눈썹을 그리면 더 동그랗게 보입니다. 눈썹 산을 살짝 살려 시선을 위로 끌어올리면 세련미가 더해집니다.
- **긴 얼굴 → 도톰한 일자형:** 긴 얼굴을 가로로 끊어주는 효과가 있습니다. 눈썹을 약간 도톰하고 평평하게 그리면 얼굴이 짧아 보이고 어려 보입니다.
- **각진 얼굴 → 둥근 곡선형:** 턱이 각진 분들은 눈썹까지 각지면 인상이 너무 강해 보입니다. 눈썹 산을 둥글게 굴려서 부드러운 이미지를 만들어 주세요.

3. 초보를 위한 실전 그리기 팁

"공식은 알겠는데 손이 안 따라줘요!" 하시는 분들을 위한 꿀팁입니다.

- **채우기 순서**: 앞머리부터 그리지 마세요! '눈썹꼬리'부터 모양을 잡고 앞으로 올수록 힘을 빼야 합니다. 앞머리가 진하면 짱구 눈썹이 되어 촌스러워 보입니다.
- **색상 선택**: 머리카락 색과 맞추거나, 한 톤 밝은색을 고르세요. 검은 머리라고 검정 펜슬을 쓰면 너무 강해 보입니다. '다크 브라운'이나 '그레이 브라운'이 한국 여성에게 가장 지적이고 우아해 보입니다.
- **도구의 조화**: 펜슬로 틀을 잡고, 빈 곳은 새도우로 채우세요. 선으로만 그리면 인위적이지만, 새도우의 면으로 채우면 훨씬 자연스럽고 풍성해 보입니다.

"눈썹은 쌍둥이가 아니라 자매입니다."

제발 데칼코마니처럼 똑같이 그리려고 스트레스받지 마세요. 우리 얼굴 골격 자체가 양쪽이 다릅니다. 눈썹도 완벽하게 대칭일 필요가 없어요.

"비슷해 보이면 된다"는 마음으로 편하게 그리세요. 그 자연스러움이 오히려 당신을 여유롭고 멋져 보이게 만듭니다.

아이 메이크업 3단계
(새도우-아이라인-속눈썹)

처진 눈매를 끌어올리는 3단계 리프팅 기법

"나이 드니까 쌍꺼풀 라인이 자꾸 먹어 들어가요."
"눈화장만 하면 번져서 판다가 돼요."

많은 분이 공감하실 겁니다. 중년의 아이 메이크업은 20대의 '화장'과는 다릅니다. 눈을 커 보이게 하려고 아이라인을 두껍게 그리면 오히려 눈이 답답해 보이고, 주름에 새도우가 끼어 지저분해집니다.

색조 메이크업의 비밀

우리의 목표는 '맑고 그윽함'입니다. 오늘 중요한 프레젠
테이션이 있다면, 상대방이 당신의 눈을 보고 신뢰감을 느
낄 수 있도록 이 3가지만 기억하세요.

1. 아이섀도우

'색'이 아니라 '음영'을 넣어라

색조 메이크업의 비밀

초보자가 가장 많이 하는 실수가 팔레트에 있는 4~5가지 색을 다 쓰려고 하는 것입니다. 색을 많이 얹을수록 눈은 부어 보입니다. 딱 두 가지 색이면 충분합니다.

- **텍스처(질감)**: 펄이 자글자글한 글리터는 잠시 내려놓으세요. 눈가 주름을 부각시킵니다. 입자가 고운 '무펄(Matte)' 섀도우가 가장 고급스럽고 눈매를 깊어 보이게 합니다.
- **컬러 선택**

  베이스   내 피부보다 한 톤 어두운 스킨톤

  (베이지색, 살구색)

  포인트   붉은기 없는 중간 톤의 브라운

  (밀크티색, 토스트색)

- **바르는 법**: 베이스 컬러로 눈두덩 전체 유분기를 잡고, 포인트 컬러를 속눈썹 가까운 곳부터 위로 갈수록 연해지게 (그라데이션) 펴 바르세요. 이것만으로도 눈이 훨씬 깊어 보입니다.

088

2. 아이라인

'그리는' 게 아니라 '채우는' 것이다

색조 메이크업의 비밀

아이라인은 눈 크기를 키우는 도구가 아니라, '눈매를 또렷하게 정의하는 도구'입니다. 두꺼운 검정 라인은 인상을 사납게 만들고 눈을 더 작아 보이게 합니다.

- **색상:** 검정(Black)보다는 '다크 브라운(Dark Brown)'을 추천합니다. 훨씬 부드럽고 자연스럽습니다.
- **점막 채우기:** 거울을 아래에 두고 눈꺼풀을 살짝 들어 올리세요. 속눈썹 사이사이의 하얀 살(점막)을 콕콕 찍어서 메워준다는 느낌으로 채우세요.
- **꼬리 빼기:** 눈꼬리는 딱 3mm만, 내 눈매를 따라 살짝만 빼주세요. 끝을 살짝 올려주면 관상학적으로도 좋고 처진 눈꼬리가 리프팅 되어 보입니다.

3. 속눈썹

10년 젊어지는 '안티에이징'의 핵심

제가 30년 동안 메이크업을 해오며 깨달은 진리가 있습니다. "아이라인은 생략해도 마스카라는 포기하지 마라."

바짝 올라간 속눈썹은 처진 눈꺼풀을 물리적으로 들어 올려 시야를 틔워주고, 눈동자에 빛이 들어가게 하여 눈을 반짝이게 만듭니다.

092

- 뷰러(Eyelash Curler): 뿌리부터 확실하게 집어주세요. 'C 컬'로 둥글게 말려 올라간 속눈썹은 그 어떤 리프팅 시술 보다 효과적입니다.

093

색조 메이크업의 비밀

- **마스카라:** 숱이 많아 보이는 '볼륨' 타입보다는 깔끔하게 길어지는 '롱래쉬(Long-lash)' 타입을 쓰세요. 뭉치지 않게 한 올 한 올 발라야 청초하고 지적인 이미지가 완성됩니다.

"삼각존을 사수하세요."

눈꼬리 아래쪽, 위 눈꺼풀과 아래 눈꺼풀이 만나는 삼각형 부분(삼각존)이 비어 있으면 눈매가 휑해 보입니다.

아이라인을 그리고 남은 섀도우 여분으로 이 삼각존을 살짝만 스치듯 채워주세요. 눈의 가로 길이가 확 길어 보이고, 분위기 있는 '사연 있는 눈매'가 완성됩니다. 단, 너무 진하게 채우면 다크서클처럼 보이니 주의하세요!

095

색조 메이크업의 비밀

완성도 있는 립 메이크업
(지속력 레이어링)

"안색을 켜는 스위치,

밥 먹어도 지워지지 않는 품격"

"립스틱 바르면 뭐 해요, 커피 한 잔 마시면 다 지워지는데."

"저는 입술이 너무 얇아서 옹졸해 보여요."

맞습니다. 우리가 하루 종일 입을 가만히 두지 않는 한 립스틱은 지워질 수밖에 없습니다. 하지만 '어떻게 바르느냐'에 따라 점심시간까지 거뜬히 버티는 입술을 만들 수 있습니다.

립스틱은 당신의 얼굴에 형광등을 켜주는 '전원 스위치'입니다. 이 스위치를 제대로 켜는 법, 딱 3가지만 기억하세요.

색조 메이크업의 비밀

1. 립 색상 선택 공식
(퍼스널 컬러별 추천)

유행하는 색을 따라가지 마세요. 20대가 바르는 누드톤을 잘 못 바르면 아픈 사람처럼 보이고, 너무 진한 버건디를 바르면 마녀처럼 보일 수 있습니다. 45세 직장인에게 가장 필요한 건 '우아한 생기'입니다.

• **웜톤(Warm)**: 오렌지빛 한 방울이 섞인 따뜻한 색.

  추천 코랄 레드, 브릭 오렌지(벽돌색), 살몬 핑크.

  Tip 너무 노란 기가 도는 색보다는 붉은 기가 감도는 '다홍빛'이 얼굴을 가장 환하게 밝혀줍니다.

• **쿨톤(Cool)**: 푸른빛이나 핑크빛이 감도는 차가운 색.

  추천 로즈 핑크(말린 장미), 체리 레드, 플럼(자두색).

  Tip 딸기 우유 같은 연한 핑크는 입술만 동동 뜹니다. 간 채도가 있는 '푸시아 핑크'나 '와인빛'을 입술 안쪽에 발라 그라데이션 하세요.

2. 입술 성형 메이크업
오버 립(Over-Lip)

나이 들수록 입술이 안으로 말려 들어가며 얇아집니다. 이때 내 입술 선 그대로 바르면 인상이 깐깐하고 옹졸해 보일 수 있습니다.

- **1mm의 기적:** 립스틱이나 립 펜슬로 원래 내 입술 선보다 딱 1mm만 바깥으로 나가게 그려보세요.
- **입꼬리 올리기:** 윗입술의 끝부분(입꼬리)을 살짝 올려서 그리면, 가만히 있어도 웃는 상(스마일 라인)이 됩니다. 관상학적으로도 복을 부르는 입술입니다.
- **주의사항:** 너무 과하게 크게 그리면 '두꺼 씨' 부인이 됩니다. 윗입술 산은 살리고, 아랫입술 중앙만 도톰하게 채우는 게 포인트입니다.

3. 오래가는 립 메이크업 꿀팁
(Long-lasting)

수시로 거울을 볼 수 없는 바쁜 업무 시간, 수정 화장 없이도 색을 유지하는 비법입니다.

* 레이어링(Layering)

1. 립스틱을 전체적으로 한 번 바릅니다.

2. 티슈를 입술에 살짝 물었다가 떼어내 유분기를 제거합니다.(이 과정이 핵심!)

3. 그 위에 한 번 더 립스틱을 덧바릅니다.

이렇게 하면 색소가 입술 주름 사이사이에 밀착되어 지속력이 2배 이상 길어집니다.

* 파우더 코팅

립스틱을 바른 후, 투명 파우더를 손가락에 묻혀 입술 위를 톡톡 두드려주세요. 겉은 보송하고 속은 촉촉하게 코팅되어 컵에 립스틱 자국이 거의 묻어나지 않습니다.

"두 가지 색을 섞으세요!(Mix & Match)"

하늘 아래 같은 색조는 없습니다. 하나만 발라서 어울리는

색을 찾기 힘들다면 섞어보세요.

- 베이스: 연한 베이지나 옅은 핑크로 입술 전체를 채워 입술

선을 흐릿하게 만듭니다.(도톰해 보이는 효과)

- 포인트: 입술 안쪽에 진한 레드나 오렌지를 톡톡 찍어 음파

음파 하세요.

꽃물이 든 듯 자연스러운 그라데이션이 완성되어 훨씬 어려

보입니다.

101

색조 메이크업의 비밀

치크로 완성하는 생기 메이크업
(리프팅 포인트)

"바르는 보톡스, 5년 어려지는 핑크빛 마법"

"볼터치요? 잘못 바르면 술 취한 사람 같잖아요."
"촌스러워 보일까 봐 겁나요."

걱정 마세요. 그건 예전에 유행하던 방식대로 광대뼈 전체를 빨갛게 칠했기 때문입니다.

나이가 들면 얼굴의 지방이 빠지면서 앞 볼이 푹 꺼지고, 광대뼈 아래 그늘이 집니다. 이때 필요한 것이 바로 블러셔입니다. 꺼진 부위에 화사한 색을 입히면, 시각적으로 그 부분이 '팽창'되어 보입니다. 즉, 볼이 통통하게 차오르는 필러 효과를 주는 것이죠.

색조 메이크업의 비밀

1. 얼굴 형태에 따른 블러셔 위치
(Lifting Point)

가장 중요한 대원칙이 하나 있습니다. "절대로 코끝 아래로 내려가지 마라."

색상이 코끝 선보다 아래로 내려오는 순간, 볼살이 처져 보이고 팔자 주름이 깊어 보입니다. 무조건 시선을 위로 끌어올려야 합니다.

- **둥근 얼굴(사선 터치):** 귀 중앙에서 입술 끝을 향해 '사선'으로 날렵하게 쓸어주세요. 얼굴의 너비를 줄여주고 갸름해 보이는 쉐이딩 효과를 줍니다.
- **긴 얼굴(가로 터치):** 광대뼈를 지나 콧등을 스치듯 '가로(수평)'로 길게 발라주세요. 긴 얼굴의 여백을 끊어주어 얼굴이 짧아 보이고, 훨씬 어려 보입니다.
- **각진 얼굴(둥근 터치):** 광대뼈의 튀어나온 부분보다는, 웃

을 때 올라오는 앞 볼(애플존) 위주로 '둥글게' 굴려주세요. 각진 턱선의 시선을 분산시키고 인상을 부드럽게 만듭니다.

색조 메이크업의 비밀

2. 크림 vs 파우더, 무엇을 써야 할까?

45세의 피부 상태에 따라 골라야 합니다.

- **건성 피부 & 잔주름 고민 → 크림(Cream) 타입**

촉촉한 제형이 피부에 스며들어 자연스러운 윤광을 냅니다.

사용법 파운데이션 후, 파우더 전 단계에서 사용하세요. 손가락이나 스펀지에 묻혀 '톡톡' 두드려야 베이스가 밀리지 않습니다. 문지르면 화장이 지워지니 주의!

- **지성 피부 & 모공 고민 → 파우더(Powder) 타입**

보송한 가루가 요철과 모공을 블러 처리한 듯 메워줍니다. 지속력이 좋고 양 조절이 쉽습니다.

사용법 반드시 큰 브러시를 사용하세요. 브러시에 묻힌 뒤 손등에 한 번 털어내고, 얼굴에 살살 얹어주세요.

106

3. 색상 선택의 한 끗 차이

"그냥 핑크색 바르면 되는 거 아니야?" 천만의 말씀입니다.

- **홍조가 있다면**: 붉은기가 많은 핫핑크나 레드 계열은 절대 금물! '라벤더(연보라)'나 '페일 핑크(흰 끼 섞인 분홍)'를 바르면 홍조가 중화되어 피부가 뽀얗게 보입니다.
- **칙칙하고 노란 피부라면**: '피치(복숭아)', '살구색', '코랄' 컬러가 베스트입니다. 노란기를 잡아주면서 건강하고 우아한 생기를 줍니다.

"블러셔와 립을 깔맞춤 하세요."

화장이 촌스러워 보이는 가장 큰 이유는 색의 부조화입니다. 입술은 오렌지인데 볼은 핑크라면 얼굴이 산만해 보입니다.

립스틱을 바르고 손가락에 남은 여분을 볼에 살짝 찍어 두드려 보세요. 가장 완벽한 깔맞춤이자, 바쁜 아침 1초 만에 생기를 찾는 저만의 비법입니다.

108

집에서 쉽게 하는 셀프 메이크업

5분 완성!
출근 메이크업 루틴

"전쟁 같은 아침,

시간을 지배하는 자가 미인을 얻는다."

알람 소리에 눈을 뜨면 7시. 아이 깨우고, 남편 챙기고, 머리 말리다 보면 어느새 나갈 시간은 10분도 채 남지 않았습니다.

"오늘 화장은 포기할까?"

아니요. 절대 포기하지 마세요. 30분 걸리던 풀 메이크업을 딱 5분으로 압축해 드립니다. 5분 메이크업의 핵심은 '생

111

략'이 아니라 '핵심 공략'입니다. 덜 중요한 것은 과감히 버리고, 사람의 시선이 머무는 곳만 확실하게 살리는 전략입니다.

자, 타이머를 커세요. 시작합니다.

112

1단계
스킨케어(수분 공급)

집에서 쉽게 하는 셀프 메이크업

화장이 밀리는 가장 큰 이유는 아침에 바르는 게 너무 많아서입니다. 에센스, 로션, 크림…. 다 바를 시간 없습니다.

- **토너 패드 + 수분 크림**: 토너 패드로 얼굴을 닦아내 결을 정돈하고, 수분 크림 하나만 듬뿍 바르세요.
- **두드림이 생명**: 흡수되지 않고 겉돌면 베이스가 100% 밀립니다. 30초 동안 미친 듯이 두드려 흡수시키세요.

114

2단계

베이스(다이아몬드 존 공략)

115

얼굴 전체를 다 덮으려고 하지 마세요. 마스크를 썼을 때 드러나는 부분, 즉 얼굴 중앙만 밝혀도 충분합니다.

- **도구**: 빠르고 촉촉한 '쿠션 팩트'가 정답입니다.
- **위치**: 미간, 양쪽 앞 볼, 턱 끝을 잇는 '다이아몬드 존'에만 쿵쿵 찍어 바르세요.
- **블렌딩**: 퍼프에 남은 여분으로 얼굴 외곽(턱선)을 쓱 스치듯 연결만 해 주세요. 자연스럽게 쉐이딩 효과가 생겨 얼굴이 더 작아 보입니다.(잡티? 작은 건 그냥 두세요. 피부톤만 정리돼도 깨끗해 보입니다.)

3단계
눈썹(빈 곳만 채우기)

집에서 쉽게 하는 셀프 메이크업

눈화장을 다 생략해도 눈썹은 그려야 합니다. 그래야 '준비된 사람'처럼 보입니다.

- **펜슬**: 눈썹 전체를 색칠하지 마세요. 꼬리 쪽 형태만 쓱 잡고, 듬성듬성 비어 있는 곳만 펜슬로 톡톡 채워주세요.
- **스크류 브러시**: 다 그렸으면 브러시로 한 번 빗어 주세요. 뭉친 곳이 풀리면서 10초 만에 자연스러워집니다.

4단계

립 & 치크(멀티 유즈)

시간을 단축하는 최고의 비법, '깔맞춤'입니다.

- **립스틱:** 혈색이 도는 코랄이나 레드 립스틱을 입술 안쪽에 바르고 '음파음파' 하세요.
- **치크:** 손가락에 묻은 립스틱 여분을 그대로 양쪽 볼(광대 위)에 톡톡 찍어 펴 바르세요.

도구를 바꿀 필요도 없고, 입술과 볼의 색이 통일되어 훨씬 세련돼 보입니다.

끝!(마무리)

거울을 보세요. 완벽하진 않아도, 피부는 깨끗하고 눈썹은 단정하며 입술엔 생기가 돕니다.

이 정도면 출근 준비, 충분합니다.

✳ 지니언니의 시크릿 팁! ✳

"도구는 전날 밤에 꺼내두세요."

아침 5분 메이크업을 망치는 건 손이 느려서가 아니라, 파우치 뒤적거리는 시간 때문입니다.

쿠션, 브로우 펜슬, 립스틱.

딱 이 3가지만 화장대 맨 앞에 꺼내두고 주무세요. 내일 아침, 당신의 5분은 그 어떤 때보다 여유로울 것입니다.

마스카라도 지워지지 않는
베이스 유지법

"오후 3시, 무너지는 얼굴을 사수하라."

"선생님, 저는 워터프루프 마스카라를 쓰는데도 번져요."

이유는 간단합니다. 마스카라는 물에는 강하지만, '기름(Oil)'에는 녹기 때문입니다.

시간이 지나면 우리 피부(눈가)에서는 유분이 나오고, 바를 때 묻었던 파운데이션의 오일 성분이 눈을 깜빡일 때마다 마스카라와 닿습니다. 즉, 화장이 번지는 건 제품 탓이 아니라 기초 공사가 튼튼하지 못했기 때문입니다.

121

하루 종일 끄떡없는 철벽 메이크업, 3가지 원칙만 지키면
됩니다.

＊ ＊ ＊

한눈에 보는 철벽 메이크업의 3원칙

첫째, 파우더로 눈가 유분을 제거하라.
둘째, 베이스 유지의 비밀은 '두드림'에 있다.
셋째, 수정 화장은 덧바르는 것이 아닌 '닦아내는 것'이다.

1. 눈가 유분 제거
'파우더'가 답이다

이것만 해도 번짐의 90%는 해결됩니다.

베이스 메이크업 후, 섀도우나 마스카라를 하기 전에 반드시 '투명 파우더'를 사용하세요.

- **어디에?:** 눈두덩이뿐만 아니라, 속눈썹이 닿는 '눈 밑 애교살'과 '삼각존'까지 꼼꼼하게 파우더를 발라야 합니다.
- **어떻게?:** 작은 브러시에 파우더를 묻혀 살살 쓸어주세요. 눈가를 손으로 만졌을 때 끈적임 없이 '보송보송'해야 합니다. 이 유분 차단막이 생기면 마스카라는 절대 번지지 않습니다.

2. 베이스 유지
두드림이 수명을 결정한다

화장이 코 옆에 끼거나 지워지는 건, 피부에 밀착되지 않고 겉돌았기 때문입니다.

- **스펀지의 마법:** 파운데이션을 바를 때, "펴 바른다"는 느낌이 아니라 "피부 속에 박아 넣는다"는 느낌으로 두드리세요. 10번 두드린 것과 100번 두드린 것의 지속력 차이는 하늘과 땅 차이입니다.

- **픽서(Fixer) 코팅:** 메이크업 마무리 단계에서 메이크업 픽서를 얼굴 전체에 'X자'로 뿌려주세요. 미세한 막이 형성되어 땀과 유분으로부터 화장을 지켜줍니다.(중요한 날에는 퍼프에 픽서를 뿌린 뒤 베이스를 두드리면 효과가 2배입니다!)

3. 수정 화장의 기술
덧바르지 말고 '닦아내라'

오후에 화장이 무너졌다고 그 위에 쿠션을 바로 두드리지 마세요. 기름과 파운데이션이 엉겨 붙어 더 지저분해지고 뭉칩니다.

- **1단계(제거):** 티슈 한 장을 뽑아 얼굴의 유분기(T존, 코 옆)를 꾹 눌러 걷어냅니다.
- **2단계(복구):** 면봉에 로션이나 립밤을 살짝 묻혀, 눈 밑에 번진 마스카라를 살살 닦아냅니다.(그냥 휴지로 문지르면 주름 생겨요!)
- **3단계(재건):** 깨끗해진 피부 위에 쿠션을 소량만 톡톡 두드려 줍니다. 이것이 전문가들이 말하는 '감쪽같은 수정 화장'입니다.

"면봉을 불에 달궈보세요(고데기 효과)"

속눈썹이 처지면 눈 밑 살과 닿아서 더 잘 번집니다.

나무 면봉의 나무 막대 부분(솜 말고!)을 라이터 불로 살짝 달군 뒤(손등에 온도 체크 필수!), 식기 전에 속눈썹을 들어 올려 컬링해 주세요. 일명 '불고데기'라고 하죠.

뷰러보다 훨씬 강력하게 고정되어, 저녁까지 짱짱하게 올라간 속눈썹을 유지할 수 있습니다.(단, 화상 주의! 꼭 식혀서 쓰세요.)

126

집에서 쉽게 하는 셀프 메이크업

초보에서 고수로 가는
2주 연습 루틴

"망쳐도 되는 시간, 밤 10시를 공략하라!"

운전 면허를 따자마자 고속도로를 달릴 수 없듯이, 메이크업도 연습이 필요합니다. 하지만 바쁜 우리가 따로 시간을 내서 연습하기란 불가능하죠. 그래서 대부분 아침 출근 시간에 새로운 시도를 하다가 망치고, 결국 "난 안 돼"라며 포기합니다.

오늘부터 딱 2주, 이 방법대로만 해보세요. 당신의 손끝 감각이 달라질 겁니다.

1. 골든 타임

세수하기 직전 10분

이게 무슨 소린가 싶으시죠? 메이크업 실력이 가장 빨리 느는 시간은 아침이 아니라 '밤'입니다.

- **부담감 제로:** 아침에 아이라인을 그리다 실수하면 지우고 다시 하느라 지각합니다. 하지만 밤에는? 짝짝이로 그려지든, 판다처럼 번지든 상관없습니다. 어차피 10분 뒤에 클렌징 오일로 지울 거니까요.

- **과감한 시도:** 평소라면 무서워서 못 발라볼 진한 레드 립스틱, 눈꼬리를 5mm 더 빼보는 과감한 아이라인. 씻기 전에 다 해보세요. "어? 나 생각보다 이런 스타일이 어울리네?" 하는 의외의 발견은 모두 이 밤 10시에 일어납니다.

집에서 쉽게 하는 셀프 메이크업

2. 원 포인트 레슨
하루에 딱 하나만 판다

욕심내지 마세요. 한 번에 얼굴 전체를 다 바꾸려다간 이도 저도 안 됩니다. '일주일 1부위' 전략을 쓰세요.

- **1주 차[눈썹 정복]:** 이번 주는 죽어도 눈썹만 판다. 월요일은 모양 잡기, 화요일은 빈 곳 채우기, 수요일은 대칭 맞추기…. 이렇게 일주일만 눈썹에 집중하면 손이 그 각도를 기억하게 됩니다.
- **2주 차[아이라인 정복]:** 이번 주는 점막 채우기만 연습한다. 손 떨림이 멈출 때까지, 매일 밤 씻기 전에 점막을 채워보세요.

130

3. 셀카의 힘

거울보다 정직한 카메라

거울로 볼 땐 괜찮았는데, 남들이 찍어준 사진을 보고 충격받은 적 있으시죠? 거울은 내가 보고 싶은 것만 보게 하는 '뇌의 필터'가 씌워져 있습니다.

- **기록하기**: 연습한 메이크업을 휴대폰 기본 카메라(보정 어플 X)로 찍어보세요.

- **객관화**: "아, 내가 오른쪽 눈썹을 더 높게 그리는구나.", "블러셔가 너무 진하구나." 사진은 거짓말을 하지 않습니다. 내 얼굴의 비대칭과 문제점을 파악하는 가장 빠른 방법은 '셀카 기록'입니다.

4. 따라 하기
롤 모델(Role Model) 찾기

막연하게 "예뻐지고 싶다"는 목표는 실패합니다. 구체적인 타겟을 정하세요.

- **비슷한 이미지 찾기**: 나와 얼굴형이 비슷하거나, 내가 추구하는 분위기(예: 김희애의 우아함, 김혜수의 당당함 등)를 가진 연예인이나 인플루언서 사진을 하나 고르세요.
- **관찰과 모방**: 그 사람이 눈썹을 어떤 모양으로 그렸는지, 입술 색은 뭘 발랐는지 유심히 관찰하고 똑같이 따라 해 보세요. 창조는 모방에서 나옵니다.

"왼손은 거들 뿐(힘 빼기 연습)"

초보자들의 가장 큰 특징은 손에 힘이 너무 많이 들어간다는 것입니다. 브러시나 펜슬을 꽉 쥐면 선이 진하고 뚝뚝 끊깁니다.

연필을 쥐듯 잡지 말고, 브러시의 끝부분을 살살 잡고 손목의 힘을 푸는 연습을 하세요. 아기 엉덩이를 쓰다듬듯 부드러운 터치가 나와야 비로소 '고수'의 반열에 오를 수 있습니다.

133

나만의 이미지
메이크업 찾기

"유행을 좇지 말고,

당신만의 '분위기'를 입으세요."

길을 가다 우연히 마주친 누군가를 보고 "와, 저 사람 참 분위기 있다"라고 생각해 본 적 있으신가요?

이목구비가 연예인처럼 예뻐서가 아닙니다. 그 사람에게서 뿜어져 나오는 고유한 '아우라(Aura)'가 있기 때문입니다.

45살의 메이크업은 20대의 그것과는 다릅니다.

20대의 화장이 단점을 가리고 유행을 좇아 '예뻐 보이는 것'이 목표라면, 40대의 화장은 내가 살아온 삶의 태도와 취향을 드러내는 '이미지 메이킹(Image Making)'이어야 합니다.

집에서 쉽게 하는 셀프 메이크업

1. '예쁘다'는 말보다 '멋있다'는 말이 낫다

직장 생활 20년 차, 누군가의 엄마이자 아내, 그리고 나 자신.

당신의 얼굴에는 치열하게 살아온 당신만의 역사가 새겨져 있습니다. 눈가의 주름은 웃음의 흔적이고, 조금 짙어진 기미는 노력의 증거입니다.

이것을 무조건 가리고 지우려 하지 마세요. 억지로 어려 보이려 애쓰는 순간, 당신의 고유한 매력은 사라지고 '나이 듦을 부정하는 사람'만 남게 됩니다.

이제 목표를 바꾸세요.

"어려 보인다."는 말보다 "오늘 참 우아해 보인다.", "신뢰가 간다.", "멋있다."는 말을 듣는 것을 목표로 삼으세요. 그것이 중년의 아름다움입니다.

2. 나만의 '키워드'를 정하라

화장대 앞에 앉기 전, 스스로에게 물어보세요.

"나는 오늘 어떤 이미지를 입고 싶은가?"

* **전문성 & 지성:** 오늘 중요한 미팅이 있다면?

  → 직선적인 눈썹 + 매트한 피부 + 톤 다운된 레드 립.

* **부드러움 & 포용:** 팀원들과의 상담이나 모임이 있다면?

  → 곡선의 눈썹 + 촉촉한 피부 + 코랄빛 블러셔.

옷을 골라 입듯, 메이크업도 그날의 TPO와 내가 보여주고 싶은 이미지에 맞춰 '선택'하는 것입니다. 내 얼굴은 내가 세상에 내미는 명함이니까요.

3. '시그니처 룩(Signature Look)'을 만들어라

스티브 잡스 하면 검은 터틀넥이 떠오르듯, 당신을 떠올렸을 때 생각나는 이미지가 있나요?

이것저것 다 잘하려고 하지 말고, 나에게 가장 잘 어울리는 한 가지 스타일을 당신의 '시그니처'로 만드세요.

"김 부장님은 항상 입술 색이 우아해."

"이 대리님은 피부가 늘 정돈되어 있어."

매일 조금씩 다른 화장을 하는 것보다, 한결같이 정돈된 당신만의 스타일을 유지하는 것이 타인에게 훨씬 더 강력한 신뢰감을 줍니다. 그것이 곧 당신의 '퍼스널 브랜드'가 됩니다.

4. 메이크업은
나를 돌보는 의식이다

마지막으로 꼭 드리고 싶은 말씀이 있습니다.

우리가 아침마다 10분이라는 귀한 시간을 내어 거울 앞에 앉는 진짜 이유는, 남에게 잘 보이기 위해서가 아닙니다.

"오늘 하루도 잘 부탁해."

"오늘도 꽤 괜찮은데?"

거울 속의 나를 마주하고, 내 얼굴을 어루만지며 스스로에게 자신감을 불어넣는 시간. 메이크업은 나 자신을 소중히 대접하는 '가장 성스러운 의식'입니다.

자신을 사랑하는 사람의 얼굴에서는 빛이 납니다. 아무리 비싼 파운데이션을 발라도, 내면의 자존감이 없으면 그 빛을 흉내 낼 수 없습니다.

당신은 이미 충분히 아름답습니다.

이제 붓을 들어, 당신만의 분위기를 세상에 보여주세요.

139

"메이크업은 나만의
이미지를 찾는 여정입니다."

마지막 장을 덮은 지금, 거울 속 당신의 얼굴은 어떤가요?

이 책을 처음 집어 들었을 때의 당신을 기억합니다. 매일 아침 출근 전쟁 속에서 짝짝이로 그려진 눈썹 때문에 한숨 쉬던 당신, 중요한 프레젠테이션을 앞두고 검정 정장에 흰 블라우스는 완벽하게 차려입었지만 어딘가 창백하고 자신 없어 보이는 얼굴 때문에 거울 보기가 두려웠던 당신 말이죠.

"나도 10분 만에 화사해질 수 있을까?"

"나 같은 똥손도 고급스러운 이미지를 가질 수 있을까?"

의심 반, 기대 반으로 시작했던 이 여정의 끝에서, 저는

140

당신에게 꼭 해주고 싶은 말이 있습니다.

당신은 못 하는 게 아니라, 당신만의 '색'과 '선'을 몰랐던 것뿐입니다.

뷰티 미용예술을 전공하고, 도화지 대신 살아있는 얼굴에 그림을 그리는 메이크업 아티스트로 살아오며 제가 깨달은 진리가 하나 있습니다. 최고의 메이크업은 주름을 감추고 다른 사람처럼 변장하는 것이 아닙니다. 지금 내 나이가 가진 우아함을 인정하고, 내가 가진 장점을 극대화하여 나만의 고유한 '이미지'를 완성하는 것입니다.

우리는 이제 압니다. 45살의 메이크업은 20대의 그것과는 달라야 한다는 것을요. 두껍게 가리는 대신 피부 본연의 윤기를 살리고, 과한 색조 대신 은은한 레드 립 하나로 생기를 주는 것이 훨씬 더 지적이고 프로페셔널해 보인다는 사실을 말입니다.

이제 당신은 내일 아침, 허둥지둥 파운데이션을 바르는 대신 여유롭게 당신의 톤에 맞는 베이스를 얇게 깔 것입니다. 눈썹을 그리는 브러시 끝에는 망설임 대신 확신이 실리겠지요. 10분 뒤 거울 속에 비친 모습은, 누군가의 엄마나 아내

141

가 아닌 '능력 있고 아름다운, 온전한 나 자신'일 것입니다.

혹시라도 손이 무뎌지는 날이 오면 다시 이 책을 펼쳐주세요. 메이크업은 기술이기도 하지만, 결국은 나를 아끼고 사랑하는 태도니까요.

당신의 내일 아침이 스트레스가 아닌, 설렘으로 시작되길 바랍니다. 고급스럽게, 그리고 아름답게 나이 들어갈 당신의 앞날을 진심으로 응원합니다.

당신의 뷰티 멘토, 이진희 드림

지니언니의 시크릿 Q&A

"선생님, 이건 쑥스러워서 못 물어봤는데요….""

메이크업 강의를 하다 보면 "이런 걸 물어봐도 되나?" 하며 머뭇거리는 분들이 많습니다.

하지만 아시죠? 사소한 것이 퀄리티를 결정합니다.

남들에게 물어보기엔 조금 부끄럽고, 혼자 해결하기엔 애매했던 뷰티 궁금증. 지니언니가 속 시원하게 답해드립니다.

A. 선크림은 '기초의 마지막'이자 '메이크업의 시작'입니다.

가장 쉬운 순서는 [스킨케어 → 선크림 → 메이크업 베이스/파운데이션]입니다.

선크림을 파운데이션 다음에 바르면 화장이 다 밀립니다. 선크림을 바르고 3분 정도 기다려서 피부에 딱 달라붙게 한 뒤(흡수), 그 위에 파운데이션을 올려야 화장이 쫀쫀하게 잘 먹습니다.

A. 냉정하게 버리셔야 합니다. (단호)

화장품도 음식처럼 상합니다. 특히 립스틱이나 립글로스처럼 입술에 직접 닿는 제품, 마스카라나 아이라이너 같은 액체류는 세균 번식이 아주 빠릅니다.

- 액체류(마스카라, 아이라이너): 개봉 후 6개월
- 립스틱: 개봉 후 1년~1년 6개월

144

오래된 화장품은 발색도 안 예쁘고 입술에 물집이나 염증을 유발합
니다. 아까워하지 마세요. 당신의 피부 병원비가 더 비쌉니다.

Q3. 브러시랑 퍼프, 솔직히 얼마나 자주 빨아야 해요?

A. 매일 빨면 좋지만, 현실적으로는 '일주일'을 지키세요.

퍼프는 파운데이션의 수분과 기름을 머금고 있어서 세균의 온상입니
다. 귀찮다면 '다이소 대용량 퍼프'를 사서 일주일에 하나씩 쓰고 버리
는 것도 방법입니다.

브러시는 사용 직후 티슈에 슥슥 문질러 잔여물을 털어내고, 일주일
에 한 번(주말)은 샴푸나 전용 세척제로 빨아주세요. 도구가 깨끗해야
피부 트러블이 안 생깁니다.

Q4. 예전에 한 눈썹 문신이 파랗게 남았어요. 어떡하죠?

A. 문신 라인을 무시하고 '색'을 덮으세요.

많은 분이 문신 자국 그대로 덧그리는데, 그러면 촌스러움이 두 배가
됩니다.

145

1. 컨실러나 파운데이션으로 푸른 자국을 살짝 덮어 톤을 죽이세요.

2. 그 위에 '브로우 마스카라(밝은 갈색)'로 눈썹털의 색을 입혀주세요.

3. 문신 모양을 무시하고, 내 얼굴형에 맞는 세련된 모양으로 '새로' 그리세요. 문신은 가이드라인이 아니라 지워야 할 흔적일 뿐입니다.

Q5. 목이랑 얼굴 색 차이가 너무 심하게 나요. (달걀귀신 같아요)

A. 파운데이션 테스트를 '볼'에 하지 마세요.

많은 분이 볼에 발라보고 "어, 화사하네?" 하며 21호를 삽니다. 하지만 우리 목은 얼굴보다 어둡습니다.

파운데이션을 고를 땐 '턱 선'에 발라보세요. 목 색깔과 자연스럽게 어우러지는 색이 진짜 내 색입니다.

이미 밝은 파운데이션을 샀다면? 얼굴 외곽(턱 쪽)은 바르지 말고 남겨두거나, 쉐이딩을 해서 목과 자연스럽게 연결(그라데이션)해 주세요.

A. '양 조절' 실패입니다.

주름을 가리려고 파운데이션을 두껍게 바르면, 표정을 지을 때마다 그 사이가 갈라져서 주름이 더 깊어 보입니다.

주름이 많은 눈가와 팔자주름 부위는 파운데이션을 '최소한'으로 발라야 합니다. 퍼프에 남은 아주 적은 양으로 스치듯 지나가세요. 가리는 게 아니라 '톤만 맞춘다'는 생각으로 얇게 해야 주름 부각이 없습니다.

147

저자 소개

30년 경력의 메이크업 아티스트이자 퍼스널 이미지 컨설턴트. 아버지가 지어주신 소중한 이름을 걸고 2006년 이대 앞에 '이진희 시크릿 메이크업'을 메이크업의 대중화를 선언하며 오픈한 뒤, 20년째 수많은 이들의 '가장 빛나는 순간'을 디자인하고 있다.

현장에서 쌓은 실무 감각에 학문적 깊이를 더하고자 건국대학교 대학원 뷰티디자인과 석사과정을 수료했으며, 일본 아시아퍼스널컬러센터 도쿄상공회의소 등 국내외 전문 과정을 거치며 체계적인 이론을 정립했다.

한국퍼스널컬러협회(KSPCA) 회장을 역임하고 수원여자대학교, 오산대학교 등에서 외래교수로 활동하며 후배 양성에도 힘을 쏟았다. 특히 미스유니버시티 1위 수상자를 3명이나 배출하며 단순한 메이크업을 넘어선 이미지 디렉팅의 권위자로 인정받고 있다.

그동안 현장에서만 나눴던 메이크업 노하우를 더 많은 이들과 공유하고자 『10분 만에 완성하는 시크릿 메이크업』을 집필했다. 누구나 쉽고 완벽하게 자신만의 아름다움을 찾을 수 있도록 돕는 든든한 가이드가 되고자 한다.

블로그

유튜브

인스타그램

주요 경력

- 이진희 시크릿 메이크업 대표 원장

- 前 한국퍼스널컬러협회(KSPCA) 회장

- 수원여자대학교·오산대학교·서울전문학교 외래교수

- 미스유니버시티 1위 수상자 3인 메이크업 디렉팅

- MBC 아카데미·GS홈쇼핑 분장실 등 다수 현장 활동

출간 저서

『10분 만에 완성하는 시크릿 메이크업』

블로그　https://blog.naver.com/jinhee5651

유튜브　www.youtube.com/@이진희시크릿메이크업

인스타그램　www.instagram.com/secret_jinhee

"넌 원래 이뻐!"

감추려고 하지 말고,
억지로 꾸미거나 덧대려 하지 말고

내 안에 숨어 있는
진짜 '아름다움'을 발견하라!